Paul RAMBAUD

Docteur en Médecine
De la Faculté de Paris
ANCIEN INTERNE DES HÔPITAUX DE NANTES

Contribution à l'Étude

des

Anomalies

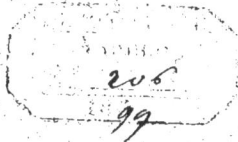

des

Organes génitaux

de la Femme

PARIS

J.-B. BAILLIÈRE ET FILS

19, RUE HAUTEFEUILLE, 19

1900

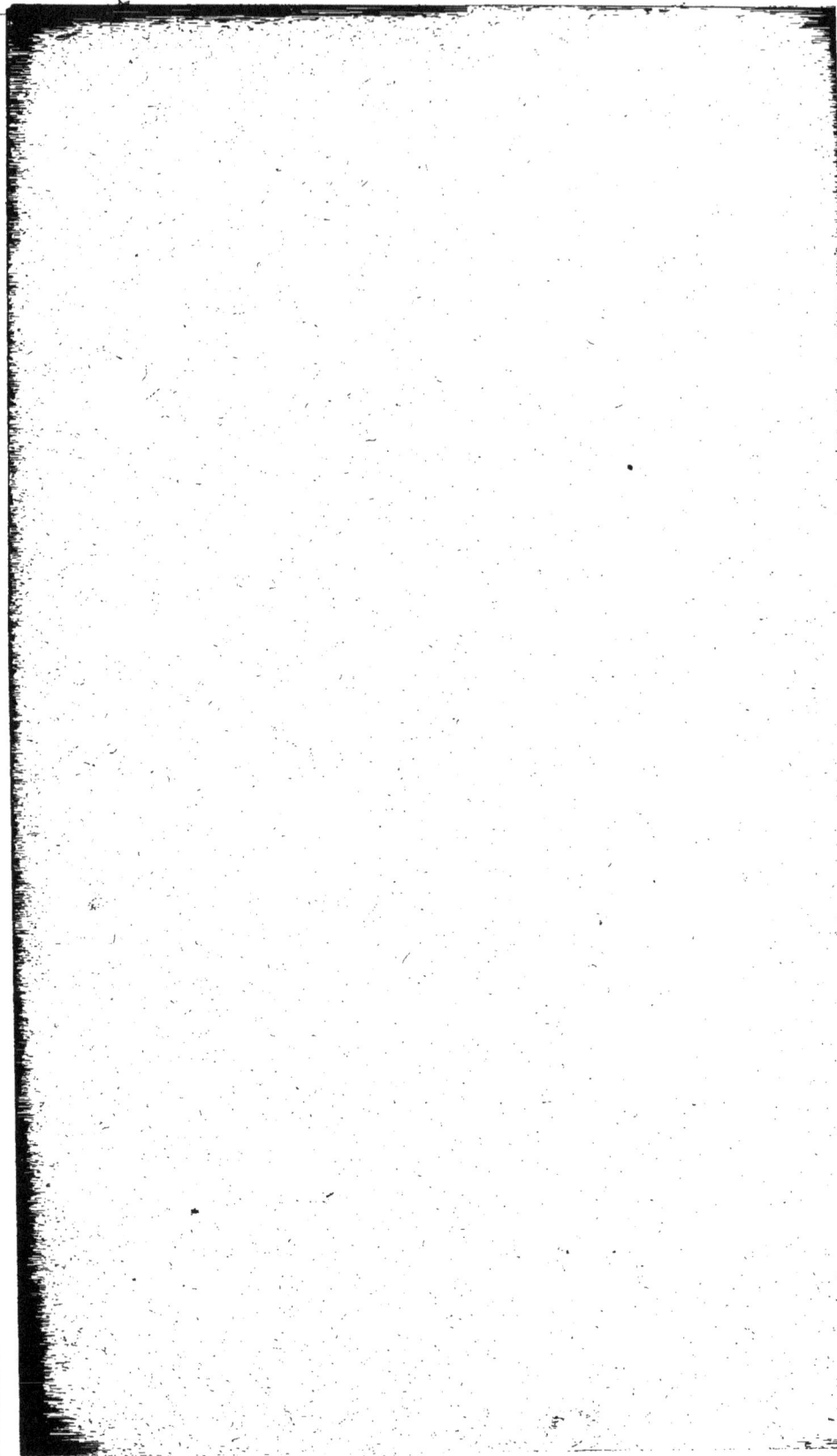

CONTRIBUTION

A L'ÉTUDE

DES ANOMALIES

DES

ORGANES GÉNITAUX DE LA FEMME

Paul **RAMBAUD**

Docteur en Médecine

De la Faculté de Paris

ANCIEN INTERNE DES HÔPITAUX DE NANTES

Contribution à l'Étude

des

Anomalies

des

Organes génitaux

de la Femme

———————⊙———————

PARIS

J.-B. BAILLIÈRE ET FILS

19, RUE HAUTEFEUILLE, 19

1900

A MON PÈRE ET A MA MÈRE

A MON FRÈRE

A MES SŒURS

MEIS ET AMICIS

A mon Président de Thèse

Monsieur le Professeur PINARD

PROFESSEUR DE CLINIQUE OBSTÉTRICALE
A LA FACULTÉ DE MÉDECINE DE PARIS
CHEVALIER DE LA LÉGION D'HONNEUR
MEMBRE DE L'ACADÉMIE DE MÉDECINE

A Monsieur le Docteur GUILLEMET

PROFESSEUR DE CLINIQUE OBSTÉTRICALE A L'ÉCOLE DE MÉDECINE DE NANTES

A mes Maîtres

MM. les Professeurs de l'École de Médecine de Nantes

MM. les Médecins et Chirurgiens des Hopitaux
de Nantes

CONTRIBUTION A L'ÉTUDE
DES ANOMALIES DES ORGANES GÉNITAUX
DE LA FEMME

INTRODUCTION

A l'époque de notre internat à la Maternité Clinique de l'Hôtel-Dieu de Nantes, notre chef de service, M. le Professeur Guillemet eut l'occasion d'observer un cas curieux de malformations complexes du conduit utéro-vaginal.

La bizarrerie et la rareté de ce cas pathologique nous engagèrent à entreprendre quelques recherches pathogéniques et cliniques.

C'est ce travail que nous présentons aujourd'hui comme sujet de notre thèse inaugurale.

Mais auparavant, qu'il nous soit permis d'assurer de notre profonde reconnaissance notre maître, M. le Professeur Guillemet, pour l'accueil si bienveillant que nous avons toujours reçu dans son service, l'enseignement si autorisé avec lequel il nous a initié à l'art si difficile des accouchements et les conseils précieux qui nous ont guidé dans notre travail.

Nous adressons nos plus sincères remerciements à nos maîtres dans les hôpitaux de Nantes, et plus spécialement à ceux dont nous avons pu apprécier l'honneur d'être l'interne : MM. les docteurs Jouon, Chartier, Dianoux, Attimont, Pérochaud, Bécigneul, Vignard, Bureau et Amédée Monnier.

Nous n'oublierons jamais la bienveillance qu'ils nous ont toujours témoignée et les conseils éclairés qu'ils nous ont prodigués.

M. le Professeur Pinard a bien voulu nous faire l'honneur d'accepter la présidence de notre thèse ; nous lui en témoignons notre plus vive gratitude.

CHAPITRE PREMIER

Observation

Communiquée par M. le Professeur GUILLEMET

1. — PREMIÈRE GROSSESSE

Mme X..., âgée de 26 ans, d'excellente santé habituelle, n'a eu d'autre maladie qu'une fièvre muqueuse légère, il y a cinq ans.

ANTÉCÉDENTS HÉRÉDITAIRES. — La mère de Mme X... a eu deux filles. La première a dû être extraite au forceps pour lenteur de travail par fatigue utérine; la seconde (sujet de notre observation) est née spontanément. La sœur aînée a eu trois enfants : le premier a été extrait au forceps, pour cause d'inertie utérine prolongeant l'expulsion plus que de raison; les deux autres sont nées spontanément.

Pour cette sœur aînée comme pour la mère, les grossesses, accouchements et suites de couches n'ont rien présenté d'anormal; et du côté des organes génitaux en particulier il n'existe aucune anomalie.

ANTÉCÉDENTS PERSONNELS. — Mme X..., mariée il y a deux ans, a eu ses dernières règles du 26 juillet au 1er août; elle serait donc, d'après ses époques, enceinte de sept mois et demi au moins, mais nous devons tout de suite faire cette réserve que, chez elle, on ne peut pas tenir un compte absolu de la suppression des règles. En effet, réglée à 15 ans, Mme X... l'a toujours été assez irrégulièrement, ayant, sans causes appréciables comme sans malaises concomittants, des retards et des suppressions de 3 à 4 mois, voire même de 2 ans.

Cette longue suspension de la menstruation a eu lieu il y a six ans. Un an plus tard, il y a cinq ans, Mme X... eut cette légère fièvre muqueuse dont nous avons parlé et ce n'est encore qu'un an après cette fièvre que la menstruation reparut.

Elle dit bien que, depuis, cette fonction fut plus régulière, mais, en poussant un peu l'interrogatoire, on arrive à cette conclusion qu'il s'en fallait encore de beaucoup qu'à l'époque de son mariage, Mme X... fût bien réglée.

L'écoulement durait environ trois jours, était peu abondant et s'accompagnait le premier jour d'assez fortes douleurs de reins.

Au début de cette dernière suspension des règles, en août, septembre et jusque vers la fin de décembre, Mme X... n'éprouve, du reste, aucun symptôme de grossesse, grossissant à peine, n'ayant ni malaise, ni nausées d'aucune sorte; et ce n'est qu'entre Noël 1897 et le premier de l'an 1898 que, sentant remuer son enfant, Mme X... acquit la certitude qu'elle était enceinte.

Il y aurait donc concordance entre l'apparition des mouvements actifs du fœtus vers Noël et l'époque des dernières règles au 26 juillet, pour la fixation à sept mois et demi au moins de l'âge de la grossesse.

INSPECTION. — A l'inspection, le ventre ne semble pas d'un volume en rapport avec l'âge présumé de la grossesse. Mais on est immédiatement frappé de la conformation anormale de l'abdomen ; celui-ci est comme bilobé, présentant une volumineuse tumeur arrondie qui occupe la fosse iliaque gauche, débordant dans le flanc, au-dessus de la crête iliaque et une tumeur également arrondie, mais moins volumineuse, située sous les fausses côtes droites ; ces deux reliefs de l'abdomen se continuent par une partie rétrécie sous la forme de sillon très net, étendu de gauche à droite et de haut en bas, passant à peu près par l'ombilic.

Cet aspect de l'abdomen est dû à la disposition très anormale de l'utérus obliqué de droite à gauche, des fausses côtes droites à la fosse iliaque gauche, et comme étranglé à sa partie moyenne, un peu au-dessous de l'ombilic.

PALPER. — Le palper permet, en effet, de constater nettement cette disposition de l'utérus, qui est en même temps plus dur que de raison pour un utérus gravide, d'un volume relativement peu considérable si on le considère dans toute sa masse et immobilisé dans la situation que nous venons de décrire.

Enfin, on ne trouve aucune partie fœtale en rapport avec le détroit supérieur qui est complètement libre. Les mains, dans la recherche de la présentation, pénètrent aisément entre ce détroit supérieur et la portion inférieure de l'utérus qui fuit dans la fosse iliaque gauche.

Dans la fosse iliaque gauche, nous trouvons une partie volumineuse trop grosse pour être une tête, mais par contre, qui nous semblerait trop ferme pour un siège, si nous ne trouvions à droite, débordant très peu la ligne médiane, de petites parties faisant à travers la paroi utérine un relief difficilement appréciable et qu'il nous est impossible de mobiliser, en raison de la fermeté de l'utérus. Il nous semble donc qu'il y a là un siège en sacro-iliaque gauche.

En suivant ce que nous croyons être le dos du fœtus et en passant sous les fausses côtes, de gauche à droite, nous rencontrons la partie rétrécie que nous avons mentionnée plus haut et nous constatons que la disposition de l'utérus reproduit bien exactement ce que nous avions constaté à l'inspection visuelle. Il y a bien là une sorte d'étranglement utérin auquel fait suite, sous les fausses côtes droites, une portion renflée, qui nous semble presque directement appliquée sur un pôle fœtal arrondi, régulier et dur que nous considérons comme la tête.

Seulement, contrairement à ce qui existe habituellement lorsque la tête est au fond de l'utérus, il nous est impossible de produire le ballottement, et nos essais, ainsi que l'examen prolongé auquel nous nous livrons, ne déterminent aucune douleur chez Mme X...

Enfin, tout cela nous paraît fixé en place et il nous est aussi imposssible d'abaisser le pôle fœtal situé en haut sous les fausses côtes droites, qu'il nous est impossible d'amener vers la ligne médiane, au-dessus du détroit supérieur, le segment inférieur de l'utérus qui semble comme maintenu par de puissantes adhérences dans la fosse iliaque gauche.

AUSCULTATION. — L'auscultation nous fait entendre les battements du cœur fœtal d'intensité assez faible, vu l'âge de la grossesse, avec maximum un peu au-dessus et à droite de l'ombilic.

TOUCHER. — Le toucher nous réservait une bien autre

surprise. Le vagin, en effet, se présente sous forme d'un long infundibulum conique, à sommet très élevé, difficilement accessible au doigt qu'il faut porter très haut pour trouver un cul-de-sac très rétréci, n'offrant ni saillie, ni orifice, rien en un mot qui puisse donner l'idée d'un col utérin.

En redescendant vers la vulve, le doigt rencontre deux parois. Mais ces parois, au lieu d'être juxtaposées en antérieure et postérieure, comme les parois du vagin normal, sont juxtaposées, l'une latérale droite, plutôt concave, logeant dans sa concavité, l'autre paroi latérale gauche ou plutôt antéro-latérale gauche, manifestement convexe, laquelle, plus tendue que la droite, part de l'extrémité supérieure de cette sorte de vagin à fond conique aigu pour se développer, en descendant d'avant en arrière, et venir, en apparence au moins, s'insérer en bas sur la branche descendante du pubis gauche, à 2 ou 3 centimètres à peu près de l'orifice vulvaire.

Ainsi, le doigt trouve, faisant suite à la fente vulvaire, dans le même axe que cette fente d'abord, puis déviant bientôt légèrement à droite pour se porter en haut, un conduit fermé par l'emboîtement des deux parois que j'ai décrites plus haut, l'une gauche convexe, l'autre droite concave.

Etrangement surpris de cette découverte, je me demande si je suis bien dans le vagin !

J'examine alors la disposition des organes génitaux externes. La vulve est conformée de façon absolument normale : grandes et petites lèvres, fourchette, vestibule, méat urinaire, anneau vulvaire, toutes ces parties ne présentent aucune malformation ; mais, en écartant l'orifice vulvaire, on tombe tout de suite sur la saillie de cette paroi vaginale gauche bombée.

Je renouvelle le toucher, doucement, lentement, tâchant de relever la topographie de ce singulier vagin.

Ce second examen, comme le premier, me permet de constater que ce vagin à coupe demi-circulaire, à concavité gauche, fait bien suite à l'orifice vulvaire, qu'il se termine bien en pointe, très haut, jusque vers le détroit supérieur; que ses parois, complètes de toutes parts, n'offrent aucun diverticulum, et qu'il est impossible d'y constater aucune saillie, aucun mamelon, aucune fente, aucun orifice qui puisse donner l'idée d'un col utérin.

Je ne trouve pas plus ce col dans l'épaisseur des parois vaginales, que je déprime avec le doigt dans toute leur hauteur, que dans les angles formés par la rencontre de ces parois. Je pratique alors le toucher rectal et, aussi haut que je puis porter le doigt, je ne trouve rien d'anormal, mais rien non plus qui puisse me renseigner sur le siège du col utérin.

Mme X... est constipée, elle urine bien. Je complète mon examen par les seins, qui sont peu volumineux mais laissent sourdre à la pression quelques gouttes de colostrum.

DIAGNOSTIC. — Donc il y a grossesse.

Le palper me permet de trouver les pôles pelvien et céphalique, les petites parties du fœtus.

L'auscultation me permet de percevoir des battements cardiaques dont les caractères et la fréquence, bien qu'ils soient de peu d'intensité, ne laissent aucun doute sur leur origine fœtale.

De plus, la grossesse est bien utérine, car non seulement

le fœtus semble bien séparé de la main qui palpe par des
parois d'épaisseur et de consistance telles qu'il semble
difficile de croire à une ectopie fœtale, mais, je ne trouve
pas, par le toucher, un organe qui puisse être pris pour
l'utérus à l'état de vacuité, et enfin, et surtout, Mme X... a
fourni déjà sept mois et demi de grossesse sans aucun
malaise, sans poussées péritonitiques, sans vomissements,
sans pertes d'aucune sorte, sans menace d'avortement,
bien qu'ayant monté à cheval à plusieurs reprises, et
ayant au contraire, pendant les premiers mois, douté de
son état de grossesse et fait plus d'exercices qu'antérieu-
rement.

PRONOSTIC. — Seulement, je me demande par où l'utérus a pu être imprégné, et, c'est pour le moment la ques-
tion la plus pratique, comment l'accouchement pourra se
faire.

Une chose cependant me rassure, c'est la bonne conformation du squelette.

Mme X..., très mince, est d'une taille moyenne, plutôt
même au-dessus ; la colonne vertébrale n'a été touchée
par aucune affection ni déviation ; je ne constate aucune
asymétrie sur aucun point du squelette.

Les hanches sont bien développées, les jambes très
droites. Enfin le toucher vaginal que j'ai pratiqué avec
insistance, obligé, je l'ai dit, de porter le doigt très haut
pour atteindre le cul-de-sac supérieur infundibuliforme
du vagin, ne m'a pas permis de sentir le promontoire.

De même le toucher rectal ne m'a révélé aucune anomalie du côté du bassin.

Donc, de ce côté-là, je suis moralement sûr de ne pas
rencontrer d'obstacle sérieux à la sortie du fœtus.

De plus je me demande en quoi et comment je pourrais actuellement intervenir et de quelle utilité serait une intervention.

Pratiquer l'accouchement prématuré?

Mais d'abord il faut que je trouve le col pour agir sur l'utérus !

Et puis, pourquoi?

Il y a là évidemment une grosse anomalie, mais anomalie seulement des parties molles, et puis, de ce que je ne trouve pas le col, cela ne veut pas dire qu'il n'existe pas.

Il existe même sûrement, puisqu'il y a grossesse et pour moi, à n'en pas douter, grossesse utérine ; et j'estime qu'il y a bien des chances pour qu'au moment du travail le col, quels que soient son siège et sa forme, se révèle en se dilatant et qu'alors, puisque je connais la présentation et la position de l'enfant en sacro-iliaque gauche et que je crois à une bonne conformation du bassin, je peux attendre sans compromettre la vie de la mère et avec plus de chances pour l'enfant.

Je recommande seulement à Mme X..., après m'être assuré que ses urines ne contenaient pas d'albumine, de revenir me voir dans quinze jours.

Et maintenant quelle conclusion devais-je tirer de ce premier examen?

J'écartai d'abord l'hypothèse d'une anomalie de la musculature de l'utérus, d'une bande musculaire transversale étendue d'une corne à l'autre, isolant dans une certaine mesure le segment supérieur du reste de l'organe.

Aucune disposition anatomique ne permet d'admettre une semblable disposition.

Il était au contraire plus logique d'admettre un reste
de bifidité de l'utérus avec adhérence de la corne gauche
à la fosse iliaque, tandis que la corne droite, libre d'a-
dhérences, aurait subi un mouvement d'élévation la por-
tant sous les fausses côtes avec la partie fœtale (tête) qu'elle
contenait.

Cette opinion nous était, du reste, dictée par l'immo-
bilité absolue du segment inférieur, qui était comme
soudé à la fosse iliaque, dont il nous a été toujours impossible de l'écarter pour l'amener vers le détroit supérieur.

De cette première conclusion, nous fûmes amené à
cette seconde hypothèse : que cette paroi gauche convexe du vagin, adhérente elle aussi par en bas à la branche
descendante du pubis gauche, paroi qui semblait appartenir à un organe creux en rapport avec la moitié gauche
du pelvis et semblant distendue par un contenu qui n'é-
tait pas une petite partie fœtale, mais que nous supposions
un prolongement de l'œuf et par conséquent du liquide
amniotique ; que cette paroi gauche, amenant par son
relief une déviation de la paroi droite n'était autre que le
segment inférieur de l'utérus fixé par adhérence à la paroi pelvienne et au pubis à gauche.

Et alors, ne sentant aucun vestige de col sur la partie
inférieure de ce segment, je supposais que ce col devait
exister très haut, dans un pli de la muqueuse, sous forme
probablement d'un orifice étroit ayant suffi jusqu'ici à
l'écoulement des menstrues du reste irrégulières, et à la
pénétration des spermatozoïdes, et permis, par conséquent, la fécondation, mais trop étroit, trop dissimulé,
pour être appréciable au doigt et au toucher même très

minutieux, étant donné surtout que ce toucher devenait
très difficile à mesure que le doigt montait dans un vagin comme étiré, devenant d'une extrême étroitesse à sa
partie supérieure.

Par ailleurs, la disposition absolument normale de la
vulve, sa continuation régulière avec un seul canal, firent
que je ne songeai pas alors à la possibilité d'un double
vagin.

Un nouvel examen pratiqué quelques jours plus tard,
le 15 avril, aussi minutieux que le premier, me donna
exactement les mêmes résultats.

ACCOUCHEMENT. — Le 26 avril, c'est-à-dire quelques
jours avant le terme de sa grossesse, Mme X..., en se
couchant, s'était sentie mouillée, et depuis elle avait
un écoulement peu abondant, mais continu, de liquide
clair.

A mon arrivée, une demi-heure après, je constatai
qu'il y avait en effet un écoulement de liquide amniotique, beaucoup plus abondant que je ne l'aurais cru, en
raison du petit volume apparent de l'utérus qui semblait
comme rétracté sur le fœtus, ce qui me fit croire que ce
liquide était contenu dans ce prolongement pelvien de
l'utérus, segment inférieur étiré, pensais-je, en bas par
son adhérence au pubis, le siège fœtal, maintenu au-dessus de la fosse iliaque, ne fermant pas le détroit supérieur, et ayant permis, par conséquent, l'accumulation
de liquide dans ce segment inférieur anormal.

Je pratiquai alors pour la troisième fois le toucher. Je
retrouvai la même disposition du vagin ; le canal était
lubréfié dans toute sa hauteur par le liquide amniotique,
et je m'assurai qu'en pressant d'avant en arrière sur la

paroi gauche, j'amenais un suintement notablement plus abondant de liquide.

De plus, il me fut facile alors de constater que l'écoulement provenait de la partie supérieure du vagin ; Mme X..., étant couchée sur le dos, le siège élevé, l'écoulement s'arrêtait ; et si alors je poussais avec le doigt la partie saillante du vagin, je sentais le liquide arriver du fond sur mon doigt d'abord, puis dans la paume de la main disposée en rigole, au-dessous de l'orifice vulvaire.

Mme X..., à ce moment, n'avait pas de contractions utérines, ou du moins n'avait que des contractions utérines faibles et indolores ; les battements du cœur fœtal étaient bons.

Je la maintins couchée sur le dos, le siège plutôt élevé ; je procédai à un lavage vulvaire et à la désinfection du vagin par une injection abondante et chaude de biiodure d'hydrargyre à 1 pour 4000. Je plaçai sur la vulve un pansement antiseptique et j'attendis.

A 6 heures du matin, les contractions devinrent plus énergiques. De 6 à 10 heures, sous l'influence des contractions de plus en plus intenses, je vis la paroi antérieure gauche du vagin bomber, d'abord de gauche à droite, puis, en bas, derrière l'orifice vulvaire, de façon à simuler une tumeur qui, implantée sur la paroi pelvienne gauche, serait venue graduellement de gauche à droite et d'avant en arrière remplir régulièrement l'excavation, refoulant vers la paroi pelvienne droite la paroi vaginale du même côté, de sorte que le doigt, après avoir franchi l'anneau vulvaire, était arrêté, en avant, immédiatement en arrière de la branche gauche du pubis, latéralement et dans toute la partie postérieure gauche, par la saillie de cette tumeur, formant, par son union avec la paroi pelvienne, un cul-de-sac très peu profond et absolument clos de toutes parts.

A droite, au contraire, le doigt pouvait s'insinuer dans un canal vaginal très aplati, se prolongeant aussi haut que le doigt pouvait atteindre, mais, n'offrant toujours en aucun point aucune apparence d'orifice cervical.

Je priai alors mon confrère le professeur OLLIVE, de vouloir bien venir me donner son avis.

Il dut convenir comme moi, après examen, qu'il était impossible de trouver trace de col ou d'orifice utérin ; mais, arrivant à un moment où la tumeur formée par le refoulement de ce que je croyais toujours être le segment inférieur de l'utérus remplissait l'excavation et commençait à bomber derrière le périnée et la vulve, il crut, un moment, avoir affaire à une cystocie faisant obstacle à l'engagement de la partie fœtale et à la découverte du col utérin.

Il me fut facile de lui démontrer, par le cathétérisme d'abord, que la vessie contenait à peine une ou deux cuillerées d'urine, Mme X... ayant uriné plusieurs fois dans la matinée et que la vessie avait bien sa direction normale ; et ensuite, par le palper, que la disposition bilobée et l'obliquité de l'utérus étaient seules causes du défaut d'engagement du siège fœtal, qui, accommodé à l'utérus, ne l'était pas au bassin, mais pourrait facilement être abaissé dans l'excavation bien conformée à travers un détroit supérieur suffisant, pourvu que nous eussions sur les parties molles un passage, une ouverture pouvant nous permettre d'aller à la recherche d'une hanche ou d'un pied fœtal.

Cette ouverture, cet orifice dilaté ou dilatable n'existait pas, et c'était là ce qui commençait à devenir inquiétant.

Cependant l'état de Mme X... étant excellent, les contractions utérines régulières et énergiques ne présentant rien d'excessif, les battements du cœur fœtal, peu énergiques, comme ils l'avaient toujours été depuis mon premier examen, restant cependant réguliers et ne faiblissant pas, il fut convenu que j'attendrais encore un peu. Toujours avec cet espoir que, sous l'influence des contractions prolongées, un col hypothétique, situé peut-être très haut, inaccessible à la partie supérieure de l'excavation, se révélerait peut-être d'un instant à l'autre, ce qui permettrait d'intervenir par les voies naturelles, si on pouvait user de cette expression dans des conditions aussi anormales.

Seulement je priai le professeur Poisson de se tenir prêt à venir m'assister d'un moment à l'autre pour une intervention dont la gravité ne pouvait être appréciée d'avance.

De 11 heures à 1 heure, les contractions ne changèrent guère de forme ni d'intensité; seulement la tumeur, remplissant complètement l'excavation, repoussait la vulve en avant et tendait, au moment des douleurs, à écarter ses lèvres, absolument comme la tête, au moment des douleurs expulsives.

Et de fait, à ce moment, vers 1 heure, Mme X... fut prise brusquement de coliques expulsives, d'une intensité telle que je crus devoir intervenir sans plus tarder pour créer, avec l'instrument tranchant, un orifice de sortie pour le fœtus.

M. Poisson, à son tour du reste, avait examiné la malade avec un soin minutieux, et son examen avait amené les mêmes constatations que nos examens antérieurs.

Les coliques expulsives étaient, je l'ai dit, d'une intensité très grande et, au moment des poussées, la tumeur vaginale fortement poussée sur le périnée et entre les lèvres faisait une hernie du volume du poing ; sa paroi, rouge à l'état de repos, de la couleur de la muqueuse vaginale au terme de la grossesse, devenait alors gris rose très pâle ; elle semblait s'amincir, et sa tension était telle que, les contractions étant très rapprochées, je craignais à chaque poussée de la voir se rompre.

Il me semblait donc absolument indiqué d'agir pour éviter une rupture qui pourrait s'étendre du côté de la vessie en avant ou du péritoine en arrière et mettre en danger la vie de la mère.

Toutes les précautions antiseptiques prises, Mme X... fut chloroformisée, et, je fis, au bistouri, sur la sonde cannelée, une incision longitudinale de 12 centimètres environ, comprenant toute la hauteur de la tumeur entre le vestibule et la fourchette.

La paroi ainsi sectionnée était même (2 à 3 millimètres) peu vasculaire, car il ne s'écoula pas une goutte de sang, enfin peu riche en fibres musculaires, car la section resta flasque, les bords ne se rétractant pas comme je l'aurais supposé.

A ce moment, à notre grand étonnement, il s'écoula abondamment, mais lentement, une gelée brune, couleur chocolat, composée évidemment de vieux sang accumulé là depuis longtemps et dont la partie liquide avait été soit résorbée, soit évacuée par l'orifice introuvable. Cet écoulement brunâtre dura bien deux ou trois minutes. Le poids de cette gelée était exactement de 980 grammes.

A mesure que cette gelée se vidait, le siège, sous l'influence des contractions utérines seules, abandonnait la fosse iliaque, et descendait dans l'excavation, où il s'arrêtait. Je vis alors que l'incision longitudinale que j'avais faite d'abord, diminuée par le retrait de la poche vidée, ne me permettait pas d'aller accrocher la hanche du fœtus, et je dus l'augmenter en transformant par une incision transversale de 4 centimètres environ, cette ouverture longitudinale en incision cruciale.

Je pus alors abaisser la hanche antérieure, puis la postérieure; mais, bien que l'extraction des bras autant que de la tête eût été facile, l'enfant vint mort, probablement par la pression du cordon, l'incision, bien qu'agrandie, formant une sorte de boutonnière serrée sur le fœtus qu'elle ne laissait que juste passer.

Il est bon d'ajouter aussi que j'avais trouvé, on s'en souvient, dès mon premier examen, les battements du cœur fœtal assez faibles, et que l'enfant, du sexe masculin, petit, était, comme poids, bien au-dessous de la moyenne, à peine 2000 gr.

Il avait évidemment souffert dans son développement et était peu résistant.

Délivrance normale, quelques minutes après l'extraction du fœtus; rien à noter de particulier du côté du placenta ni des membranes.

Déjà, après la sortie du fœtus, les dimensions de l'incision, suivant le retrait de la poche, s'étaient singulièrement réduites; et la vulve refermée ne permettait plus, après la délivrance, d'apercevoir que la partie inférieure de l'incision, légèrement saillante au-dessus de la fourchette.

Dès les jours suivants, il fallait ou écarter la vulve ou introduire le doigt pour voir ou sentir cette incision, qui, rapidement, se réduisit aux dimensions d'une ouverture légèrement ovale à un grand diamètre antéro-postérieur, mesurant dans ce sens environ 3 centimètres sur 2 à peine dans le sens transversal.

Après une toilette vulvaire, je fis par cet orifice une abondante injection antiseptique, convaincu toujours que je pénétrais directement et largement dans l'utérus, évitant, par conséquent, avec grand soin, tout ce qui aurait pu déterminer le moindre traumatisme.

Après l'accouchement et dans les jours qui suivirent, j'eus plusieurs fois l'occasion d'introduire le doigt pour guider la sonde en verre qui, butant sur les lèvres devenues molles et flasques de l'incision, ne pénétrait pas toujours du premier coup. Mais désireux d'éviter tout ce qui aurait pu être prétexte à infection, je ne portais jamais le doigt bien haut, et rencontrant au-dessus de l'incision une cavité libre, je ne modifiais pas tout de suite mon opinion première, à savoir que j'avais ouvert, par césarienne vaginale, le segment inférieur de l'utérus, me promettant d'éclaircir le mystère, si faire se pouvait, lorsque les suites de couches plus avancées permettraient sans danger un examen complet.

Examen après l'accouchement. — Immédiatement après l'accouchement, nous avions cherché à nous rendre compte, par le palper, de la forme de l'utérus. Je dois dire que, vidé de son contenu, l'organe nous apparut beaucoup plus régulier que nous le faisait supposer sa forme, en bissac superposé, avant l'accouchement.

Très ferme et descendu notablement au-dessous de

l'ombilic, il était presque médian, à peine un peu dévié à gauche, et ne présentait presque plus guère trace de bifidité.

On trouvait bien, sur le bord gauche de l'organe, une tuméfaction mal délimitée, du volume d'une très petite mandarine, que l'un de nous crut pouvoir rapporter à l'existence d'un utérus double (cette petite tuméfaction représentant l'utérus gauche) ; mais il me sembla toujours qu'il n'y avait là qu'un bol stercoral arrêté à la partie supérieure de l'S iliaque (Mme X... étant très constipée). Et de fait, à la suite de quelques laxatifs, cette tuméfaction disparut avec d'abondantes garderobes, et l'utérus, dont la régression fut des plus régulières, ne présenta aucune bosselure rappelant l'irrégularité de sa forme pendant la grossesse.

Suites de couches. — Les suites de couches furent d'une simplicité parfaite ; la température axillaire atteignit à peine et ne dépassa jamais 37°.

L'écoulement lochial contint d'abord en assez grande abondance de cette gelée brune chocolat clair qui s'était échappée par l'incision, puis cet écoulement cessa peu à peu et le liquide de l'injection, faite matin et soir par l'orifice artificiel, ressortit bientôt clair dès le premier jet.

Le 11 mai, l'injection du matin était, comme de coutume, ressortie très claire ; mais une heure après environ, survinrent quelques coliques qui amenèrent l'expulsion, avec un notable écoulement de sang pur, de quelques débris de caduque, et, le lendemain, encore une petite quantité de gelée brune dont l'écoulement avait cessé depuis quelque temps.

Le 13, l'eau de l'injection ressortit un peu plus grise, plus sale que de coutume, mais sans débris cependant, ni sang.

Du reste, pas d'élévation de température pendant ces trois jours.

L'orifice créé par l'incision était, je l'ai dit, revenu rapidement de façon à n'admettre au bout de quelques jours que le doigt pénétrant facilement mais à frottement; puis cet orifice se fronça et garda définitivement ses dimensions. Légèrement remonté vers l'excavation, il était situé à environ 2 à 3 centimètres au-dessus de l'anneau vulvaire, un peu en arrière du méat urinaire, mais suffisamment en relief pour venir s'offrir au doigt pénétrant dans le vagin, assez sensible encore, toutefois, au contact et surtout à la pénétration du doigt.

Le 20, c'est-à-dire trois semaines après l'accouchement, je fis lever Mme X... qui était aussi bien que possible.

NOUVEL EXAMEN. — Le 23 mai, je pratique la première exploration sérieuse depuis l'accouchement. L'introduction du doigt à travers l'orifice de l'incision étant douloureuse, je me contente de remonter dans le vagin jusqu'au cul-de-sac supérieur, et il me semble trouver, sur la paroi gauche, au milieu des replis de la muqueuse, une fente longitudinale d'un centimètre environ de longueur; mais déjà mes idées sur l'organe que j'avais incisé en le prenant pour le segment inférieur de l'utérus gravide avaient dû se modifier; cette poche, en effet, ne pouvait pas appartenir à l'utérus puisque, tandis que l'utérus subissait une régression absolument régulière, elle, au contraire, revenue sur elle-même au premier moment, n'avait plus changé, ni de forme, ni d'épaisseur, ni d'aspect général, en un mot n'avait participé en rien au travail de la régression utérine.

Et, dès lors, l'idée d'un dédoublement de la paroi gauche du vagin, dédoublement dans lequel serait venu s'ouvrir le col de l'utérus, ou plutôt l'idée d'un vagin double dans le canon gauche duquel devait s'ouvrir le col de l'utérus, avait germé dans mon esprit.

Aussi cherchais-je à pénétrer par cette partie que je croyais sentir au fond du vagin, sur la paroi gauche, pour atteindre le col de l'utérus, mais ce fut en pure perte.

Ce ne fut que le 31 mai, en renouvelant mon examen, le doigt dans le vagin, je dirai principal, c'est-à-dire celui continuant directement l'orifice vulvaire, que je sentis manifestement très haut, à travers la paroi gauche que je considérais désormais comme le septum séparant les deux vagins ou les deux canons d'un double vagin, le col utérin bien reformé, et facilement reconnaissable à sa forme cylindrique, régulière, à sa consistance ferme, se continuant en haut avec le corps de l'utérus autant que sa situation élevée me permettait d'y atteindre. L'examen par l'orifice artificiel, créé par mon incision à la partie déclive de cette moitié gauche du vagin, était encore du reste trop douloureux pour que je pusse avoir recours à un toucher direct par cette incision, Mme X... redoutant beaucoup la pénétration du doigt à travers cette incision dont les lèvres étaient restées sensibles.

Le 21 juin, Mme X... désirant partir pour la campagne, j'obtins qu'elle se soumît à l'examen de mes confrères Poisson et Ollive, qui m'avaient assisté au moment de l'opération et qui, comme moi, constatèrent la présence d'un double vagin, ainsi que la présence du col utérin dans le vagin gauche, tandis que le fond du vagin droit se terminait en cul-de-sac, absolument clos, ne donnant accès à aucun autre organe.

En résumé, d'après l'observation de M. GUILLEMET, il existe chez Mme X..., faisant suite à une vulve normalement conformée, le canon droit d'un vagin double terminé en cul-de-sac et dans lequel ne s'ouvre aucun col utérin. Les parois de ce vagin sont latérales droite et gauche, au lieu d'être antérieure et postérieure. Le canon gauche dans lequel s'ouvre le col utérin est terminé en cul-de-sac à sa partie inférieure, qui s'insère sur la branche descendante du pubis gauche. Il communique sûrement avec le vagin droit, puisqu'il existait des menstrues et qu'il y a eu fécondation.

On peut supposer que cet orifice de communication est situé très haut. L'écoulement menstruel ne se faisait que très irrégulièrement et en partie, comme le prouve la présence de 980 grammes de vieux sang accumulé dans le canon gauche. Quand le sang atteignait le niveau de l'orifice, il est probable que l'écoulement avait lieu alors par cette sorte de trop-plein.

De plus l'asepsie absolue du contenu du vagin gauche milite aussi en faveur de l'hypothèse d'un orifice très haut situé. Cette même cause et l'impossibilité de découvrir cet orifice permettent de croire que celui-ci était de petites dimensions.

2. — DEUXIÈME GROSSESSE

Je revois Mme X... le 7 avril; elle est de nouveau enceinte d'environ quatre mois.

Premier examen. — La santé générale est excellente et l'examen local des plus satisfaisants.

Le doigt pénètre facilement dans l'orifice de l'incision. Celui-ci, évidemment dilaté par le coït, permet d'atteindre aisément le col, de conformation absolument normale et ramolli comme il doit l'être à l'époque présumée de la grossesse.

Ce col, situé très haut, est épais, peu saillant et ressemble plutôt à un gros bourrelet limitant une fente antéro-postérieure. Malgré cette sorte d'aplatissement du col, le segment inférieur n'est pas encore très facile à atteindre en raison de son élévation. L'autre conduit vaginal (le vagin droit), qui, lors de la première grossesse, était seul appréciable, n'existe plus guère, la cloison médiane étant aplatie sur le côté droit de l'excavation; on peut cependant le reconnaître et le parcourir avec le doigt jusqu'au cul-de-sac décrit plus haut, mais sans trouver davantage qu'aux examens antérieurs quelque chose donnant l'idée d'un orifice de communication entre les deux conduits vaginaux.

Le fond de l'utérus est situé à environ quatre travers de doigt au-dessus du pubis.

2e examen. — Le 10 juin, nouvel examen.

On trouve par le palper l'utérus logé sous le flanc gauche, son segment inférieur appuyé sur la fosse iliaque gauche et débordant peu le détroit supérieur, d'où l'élévation persistante du col et la difficulté d'examen du segment inférieur par le toucher.

Mais l'organe, au lieu de se diriger de la fosse iliaque gauche à l'hypocondre droit, bridé presque transversalement en son milieu au niveau de l'ombilic, comme dans la première grossesse, s'élève au contraire presque verticalement de la fosse iliaque à l'hypocondre gauche, débordant par la ligne médiane. L'utérus, du reste, n'est plus fixé, comme à la première grossesse ; je peux en le prenant à deux mains faire quitter au segment inférieur la fosse iliaque gauche pour l'amener au-dessus du détroit supérieur ; de même le fond peut être mobilisé de l'hypocondre vers la ligne médiane ; mais, détail curieux, à cette seconde grossesse, comme lors de la première, l'utérus semble plus développé par son segment inférieur qui du reste contient le siège en sacro-iliaque gauche, que par son fond qui contient la tête.

Bruits du cœur normaux. Santé générale de la mère excellente. Pas d'albumine dans les urines.

Le fond de l'utérus ne présente pas à cet examen trace de bifidité.

En raison des bizarreries qu'a présentées le premier accouchement, je ne crois pas devoir tenter une version par manœuvres externes n'ayant pas une connaissance suffisante de la conformation de la cavité utérine et craignant si, ce qui est possible, il existe, sinon un utérus double au moins un utérus bicorne (ce que j'ai tout lieu de supposer en raison de la disposition de la tête par rapport au siège et de la forme de l'utérus dans la première grossesse) craignant, dis-je, de rencontrer des difficultés insurmontables à cette manœuvre et surtout de transformer une présentation du siège en présentation de l'épaule irréductible.

Accouchement. — Dans la nuit du 23 au 24 juin, à minuit et demi, Mme X..., arrivée par conséquent à peine à sept mois de grossesse, perd les eaux et bien que n'ayant pas de douleur me fait appeler. Mais, dès mon arrivée, je trouve le col dilaté de cinq centimètres environ de diamètre, et, dans ce col, je trouve un pied au-devant et à droite de la hanche antérieure.

Le col présente toujours cette même disposition d'un gros bourrelet qui se serait dilaté en bloc sans s'effacer, et il conservera cette même disposition jusqu'à sa dilatation complète, achevée régulièrement à quatre heures du matin. A ce moment, quelques douleurs expulsives amènent à la vulve un siège complet, ce siège ayant traversé toute l'excavation en position nettement transversale (S. I. G.). Mais alors se produit un léger temps d'arrêt, auquel, du reste, je m'attendais ; la cloison vaginale bridant à droite et en avant la partie fœtale qui tendait à franchir la vulve et faisant un léger obstacle à ce passage bien plus que le périnée souple et dilatable. Je m'étais préparé à pratiquer une section de cette sorte de diaphragme, mais je n'eus pas besoin d'intervenir ; en moins de deux minutes, sous l'influence de contractions expulsives énergiques, cet orifice vaginal céda, en donnant quelques gouttes de sang à peine, et l'expulsion d'un enfant vivant, et qui a vécu, se fit sans aucun accident.

Examen après l'accouchement. — Mais à peine la sortie de l'enfant effectuée, ma main, appliquée sur le fond de l'utérus, perçoit très nettement la disposition bifide de l'organe se produisant à mesure de sa rétraction ; je peux alors me rendre compte que la corne gauche, qui contenait primitivement la tête fœtale sous les fausses côtes gauches et était en réalité la seule appréciable, revient rapidement sur elle-même, vidée de son contenu et reprenant la fermeté spéciale au tissu utérin dans les instants qui suivent immédiatement l'accouchement; tandis que la corne droite, presque plus volumineuse, reste plus élevée et moins ferme. J'en ai d'ailleurs immédiatement l'explication : la pression exercée par ma main presque instinctivement sur cette corne en amène la contraction et l'expulsion du placenta.

En sorte que la corne droite, qui, pendant la première grossesse, contenait la tête et était seule appréciable, dans cette seconde grossesse, avait donné insertion au placenta, la corne gauche, cette fois-ci, se développant à son tour pour loger la tête fœtale.

Les deux cornes étaient à ce moment profondément divisées par un sillon médian les rendant nettement distinctes, avec cette particularité qu'une fois vidée du placenta, la corne droite, descendue immédiatement à un niveau inférieur à celui de gauche, restera au-dessous de celle-ci et disparaîtra derrière la symphyse pubienne sur la ligne médiane, alors que la gauche sera encore très appréciable au-dessus du ligament de Fallope, l'encoche séparant ces deux cornes restant très nette, tant que le palper permettra de suivre l'organe dans sa régression.

La régression, du reste, fut lente, et, trois semaines après l'accouchement, je pouvais encore sentir la corne gauche passant sur la ligne médiane, au niveau de la symphyse pubienne. La parturiente, de ce fait, dut garder le lit du 24 juin au 26 juillet, bien que les suites de couches aient été absolument physiologiques. A cette époque, je constatais facilement par le toucher que le segment inférieur était gros, remplissant l'excavation avec un col offrant toujours la sensation d'un bourrelet épais et allongé dans le sens antéro-postérieur.

Si j'insiste sur ce point, c'est que, au cours des deux grossesses, j'ai retrouvé cette même disposition d'un segment inférieur anormalement développé par rapport au segment supérieur plutôt effilé. Cette disposition n'a d'ailleurs rien de très étonnant si l'on songe que, dans les deux cas, le siège occupait le segment inférieur et la tête le segment supérieur, représenté par l'une des cornes; nous ne sommes pas du reste éloigné de croire, après l'expérience de la seconde grossesse, que la première fois le siège occupait la corne gauche restée inférieure par rapport à la droite et logée dans la fosse iliaque gauche.

La disposition oblique de l'utérus, coupé par une sorte de bride à sa partie moyenne, était en faveur de cette hypothèse.

Cette disposition d'un même fœtus présentant son siège dans la corne gauche ou tout au moins dans la moitié gauche de l'utérus, et sa tête dans la corne droite, prouve que l'utérus est bicorne et non double.

CHAPITRE II

Recherches sur les cas analogues ou presque analogues

Les exemples de malformations congénitales analogues à celles dont nous venons de donner l'observation sont rares. Cependant il en a été publié un certain nombre de cas dans la littérature médicale.

L'existence de cette anomalie a été affirmée par plusieurs accoucheurs éminents (1).

« Le cloisonnement vertical peut être complet ou incomplet. Lorsque le cloisonnement est complet, le canal vaginal est double, l'un des vagins est situé à droite, l'autre à gauche. Alors, il y a, en général, deux corps utérins, chacun d'eux s'ouvrant dans un vagin distinct. On a vu cependant un seul utérus coïncider avec la présence de deux vagins. Les deux vagins s'ouvrent à l'extérieur; par exception, l'un d'eux peut être oblitéré à son extrémité vulvaire, ce qui plus tard détermine une rétention du sang des menstrues.

OBSERVATION II. — Utérus bifide
(Thèse MEUNIER-QUEAUX)

Dollier a présenté à la Société anatomique un utérus bifide recueilli sur une femme de 22 à 24 ans, morte de péritonite.

La division de l'organe en deux cornes se prolonge jusqu'au som-

(1) TARNIER, CHANTREUIL et BUDIN, *Traité de l'art des accouchements.*

met du vagin. Ces deux cornes sont d'inégal volume ; celle de gauche égale les deux poings, celle de droite est moitié moins développée.

Chacun des angles externes porte un ligament large, et a dans son épaisseur un ligament rond, un ovaire et une trompe parfaitement développés. Les angles internes sont mousses ou plutôt n'existent pas.

On rencontre en ce point une surface arrondie qui se continue sur toutes les parois sans ligne de démarcation. Les deux cornes sont isolées l'une de l'autre par un très large repli du péritoine, dirigé verticalement, et s'étendant du rectum à la vessie.

A la coupe, on voit que les deux cornes sont hypertrophiées comme dans le cas de gestation ; mais celle de droite ne l'est pas au même degré. Y a-t-il eu superfétation ? C'est ce que l'on ne peut pas dire.

Ce qui est certain, c'est que les glandules de la face interne des cornes sont très développées, et que les parois de la petite sont molles, spongieuses comme celles de la droite.

La cavité de la corne droite pouvait admettre le poing, celle de la corne gauche un œuf de poule.

Cette bifidité donne à chacune des cornes une forme cylindrique, et non plus aplatie d'avant en arrière, comme dans les cas ordinaires.

Il n'y avait qu'un col, ou plutôt, il n'y avait qu'une ouverture unique, arrondie, rétrécie, munie d'un bourrelet circulaire ; le diamètre de cet orifice était d'environ 3 centimètres. Le vagin avait une dimension transversale double de celle qu'il a d'ordinaire.

Sur la partie moyenne des deux parois antérieure et postérieure, on voyait des tubercules charnus qui s'adaptaient les uns aux autres et prouvaient que ce vagin avait été cloisonné.

Les uretères ont été injectés ; on n'y a rencontré aucune trace d'anomalies (1).

OBSERVATION III

Une autre autopsie, faite par John PURCELL (citée dans la thèse de WURTZ), se rapporte aussi à notre cas.

Sur le cadavre d'une femme morte en couches au neuvième mois de sa grossesse, il avait trouvé une matrice contenant un fœtus

(1) In *Bulletin de la Société anatomique*. Dollier, in Thèse Meunier-Queaux.

bien venu, muni, d'un ovaire et d'une trompe uniques; à son côté gauche, se trouvait un second utérus vide et de volume normal, avec une trompe et un ovaire.

Ces deux utérus étaient entièrement distincts et séparés l'un de l'autre, excepté à l'extrémité inférieure du col où ils étaient réunis dans la longueur d'un quart de pouce et formaient à ce point un angle aigu : le vagin était double, mais la cavité gauche seule se déviait et se terminait en cul-de-sac.

OBSERVATION IV

Une autre observation publiée par MULLER, dans les *Arch. f. Gynœkologie,* traduite et résumée dans la *Revue des Sciences médicales,* offre également certaines analogies avec l'observation relatée au début de notre travail.

L'autopsie n'a pu être pratiquée, nous dit l'auteur, dans ce cas de malformation utérine devenue un obstacle sérieux à l'accouchement; mais l'auteur compte établir la vérité des affirmations par l'exactitude et la minutie des détails contenus dans son observation.

Voici cette observation :

Une malformation utérine opposant à l'accouchement un obstacle insurmontable non décrit encore.

Il s'agit d'une femme de 34 ans, robuste, réglée régulièrement depuis l'âge de 16 ans. Elle fit d'abord deux fausses couches, l'une de six mois, l'autre de quatre. A un troisième accouchement — à terme cette fois — on constata les particularités suivantes : le corps de l'utérus dirigé à droite est normal; on n'entend pas les bruits du cœur fœtal; par le toucher vaginal, on sent un corps de consistance un peu molle, à contours peu limités, remplissant la partie latérale gauche et postérieure du bassin, de telle sorte qu'un peu plus de la moitié de l'excavation se trouve obstruée.

On diagnostique une tumeur ; l'enfant fut extrait par la céphalotripsie après perforation préalable du crâne.

Après la délivrance, le premier diagnostic porté parut déjà douteux, car la tumeur semblait distincte du corps de l'utérus, du moins supérieurement; on pensa qu'il s'agissait peut-être d'une tumeur de l'ovaire.

Un quatrième accouchement se fit à la campagne dans de meilleures conditions; l'enfant se présenta par les pieds.

Il fut donné à MULLER, 5 ans après, de revoir cette femme qui était sur le point d'accoucher (5ᵉ couche).

L'examen fut fait plus attentivement que la première fois; outre les symptômes trouvés précédemment, on s'aperçut que l'on touchait par le vagin la tête fœtale, tantôt directement, tantôt par l'intermédiaire d'une membrane. Il fut en même temps facile de reconnaitre que la partie supérieure du vagin était divisée en deux canaux par une cloison dont le droit seul aboutissait au col utérin, tandis que le gauche se terminait en cul-de-sac. On fit la version et l'enfant ne fut extrait qu'avec grande difficulté, il mourut pendant les manœuvres.

Après la délivrance, la palpation abdominale permit de constater, à gauche de l'utérus, une tumeur atteignant à peine le volume du poing, séparé de la matrice par un certain intervalle, et dépendant manifestement du col utérin. Cette femme a été revue, après l'accouchement, par MULLER, à deux reprises différentes; il constata, outre la cloison vaginale, une tumeur n'atteignant plus que le volume d'un petit œuf de poule, de forme ovale, mais aplatie, et se continuant par une portion rétrécie avec la portion sus-vaginale du col.

L'auteur pense qu'il s'agissait d'une corne utérine rudimentaire; celle-ci prenait au moment de la grossesse un développement considérable. Repoussée par la tête fœtale, elle venait obstruer l'excavation pendant l'accouchement et devenait pour celui-ci un obstacle sérieux.

OBSERVATION V. — **Un cas d'utérus unique avec double vagin.**

(SMITH BURT).

Mary S..., âgée de 27 ans, a été réglée dans sa 15ᵉ année; ses règles venaient régulièrement et duraient 3 jours; elle a été mariée à 22 ans et n'a jamais été enceinte.

Sa santé avait toujours été bonne, quand, deux ans après son mariage, elle eut un refroidissement qui supprima l'écoulement sanguin et s'accompagna d'une entérite ; depuis, à chaque époque, elle présente les symptômes d'une dysménorrhée. L'examen de la malade couchée sur le dos donne les résultats suivants.

L'index, incliné un peu vers le côté droit de la malade, pénètre dans un conduit qui semble être le vagin terminé par une portion de l'utérus. Le spéculum introduit ne montre aucun orifice. La malade étant placée dans la position de Sims, on voit une cloison qui s'étend obliquement du côté droit du col à un quart de pouce du côté droit de l'orifice, puis descend sur la ligne médiane jusqu'à l'ouverture du vagin, séparant ainsi deux canaux sans communication.

Le canal gauche, un peu plus large, paraît sain ; à son extrémité est un col petit, avec un orifice rond, mais d'un petit calibre.

La sonde pénètre dans l'utérus en s'inclinant à droite, à une profondeur de deux pouces et demi. L'examen rectal montre que l'utérus penche à droite et porte à gauche une tumeur plus grosse que lui, adhérente, et qui le suit dans ses mouvements ; on la regarde comme une exsudation dans le ligament large du côté gauche, d'origine inflammatoire. (*New-York médical journal*. Traduite in *Revue des sciences médicales*).

OBSERVATION VI. — **Hématocèle vaginale latérale avec vagin double et utérus simple.**

(MURET. *Revue Médicale de la Suisse romande*).

Jeune fille de 18 ans, ayant depuis quelques mois des menstrues irrégulières et douloureuses. Au-dessus de la symphyse, tumeur élastique, proéminant également dans un vagin très étroit se terminant en cul-de-sac. L'incision vaginale de la tumeur donne issue à deux litres d'un sang brun chocolat, filant. Dès lors, menstruation régulière.

Le vagin était double ; celui de droite, le mieux développé, et dans lequel se trouvait l'hématocèle, était divisé en deux parties superposées par un diaphragme à orifice excentrique. A sa partie supérieure, se trouvait le col, peu proéminent, correspondant à un utérus petit, moins bien conformé, à la gauche duquel on sentait un ovaire. Le vagin gauche allait en se rétrécissant de plus en plus et se terminait en haut par un cul-de-sac, sans aucune trace de col utérin. Il communiquait par un petit canal avec la partie supérieure de l'autre vagin.

OBSERVATION VII. — Grossesse et accouchement. Vagin double très étroit. Présentation de la face. Craniotomie.

Par RIGBY (1).

Au mois d'avril 1877, se mariait Mlle W..., âgée de 37 ans, ayant toujours joui d'une bonne santé ; on avait noté seulement que chaque époque menstruelle était précédée et accompagnée de douleurs assez fortes. Au mois de septembre, elle sentit pour la première fois les mouvements de l'enfant. Un mois plus tard, elle consultait pour des difficultés de la miction.

Lorsqu'on voulut l'examiner, on éprouva d'abord de grandes difficultés à rencontrer un orifice vaginal ; lors qu'enfin on l'eut trouvé, on ne put y introduire le doigt qu'à grand'peine et au prix de douleurs accompagnées d'écoulement sanguin abondant. La vulve est d'ailleurs bien constituée.

Quant à la grossesse, elle est évidente et indiscutable.

A l'époque normale, commencèrent les douleurs de l'enfantement. Elles furent régulières et s'accompagnèrent d'une très légère dilatation du conduit vaginal, le doigt put donc être introduit, mais il s'arrêta dans une sorte de cul-de-sac ne présentant aucune trace de col utérin. A tout hasard, on résolut de pratiquer la dilatation avec le dilatateur à eau de Barnes. Les résultats furent rapides et complets ; en moins de deux heures, sans aucun accident, le calibre du vagin était amené aux proportions normales.

On put reconnaître alors que le vagin était séparé, dans sa moitié supérieure, en deux parties : l'une antérieure embrassant le col de l'utérus, l'autre postérieure, la seule que le doigt avait explorée, terminée en cul-de-sac. La dilatation du vagin aurait, selon toute probabilité, permis à l'accouchement de se terminer normalement, mais une présentation de la face dont on ne put triompher avec le forceps nécessita la craniotomie.

Il existe dans quelques thèses publiées ces dernières

(1) *The Lancet*, 1878, *et Revue des sciences médicales.*

années à Paris par MM. Picot, Gaubelet et Bernard, à Bordeaux, par M. Bourrus, à Lille, par M. Choteau, des observations analogues à celle recueillie par M. le Professeur Guillemet.

Cette observation n'est donc point unique; celle de Mu-ret lui est presque en tous points comparable et quelques autres n'en diffèrent que par des détails secondaires.

CHAPITRE III

Explications possibles visant le cas particulier

Nous rappellerons brièvement le mode de formation des organes génitaux de la femme.

L'intestin, au début de la vie embryonnaire, se présente sous la forme d'une gouttière dont les deux extrémités se terminent en cul-de-sac.

Le cul-de-sac inférieur, dans lequel vint s'aboucher l'allantoïde qui en émane et qui forme plus tard la vessie, tend à se diriger vers l'extrémité caudale de l'embryon, alors que, sous cette extrémité caudale, on voit à la surface cutanée une dépression, une involution de l'ectoderme vers l'intérieur.

Par ce travail embryogénique, cette région présente la disposition suivante : en sens opposé l'une de l'autre deux dépressions, l'une, intestinale, formée aux dépens du feuillet endodermique, l'autre, d'origine ectodermique; entre elles une lame de misoderme qui les sépare.

Le mésoderme compris entre ces deux dépressions se résorbe rapidement, les deux feuillets épithéliaux se rencontrent bientôt, s'amincissent et finissent par mettre les cavités en rapport l'une avec l'autre, et l'épithélium cutané se continue avec l'épithélium intestinal.

De cette façon s'ouvre à l'extérieur cette cavité commune à l'intestin et à l'allantoïde, que l'on désigne sous le nom de cloaque. Ce travail de fusion se fait de très bonne heure, dès le début de la formation allantoïdienne.

Ce conduit ainsi formé ne présente pas un aspect absolument régulier ; ses parois se dilatent latéralement pour constituer des prolongements auxquels leur situation et leur forme ont fait donner le nom de cornes latérales : dans ces cornes, viennent déboucher les canaux de Wolff et de Muller.

En résumé, cette région, ouverte au-dehors, dans laquelle viennent se terminer l'intestin. l'allantoïde, les canaux de Wolff et de Muller, porte le nom de cloaque.

La partie postérieure du cloaque reçoit la partie terminale de l'intestin ; dans sa partie antérieure, s'abouchent l'allantoïde et les canaux de Wolff en-dedans desquels s'ouvrent les canaux de Muller, c'est cette partie antérieure qui forme le sinus uro-génital.

Leur séparation s'effectue vers le milieu du deuxième mois de la vie intra-utérine par un mécanisme qui n'est pas encore absolument élucidé. Cependant, il semble démontré aujourd'hui que la paroi qui divise le cloaque en deux régions est constituée par l'allongement de la lame de tissu qui sépare l'intestin des canaux de Wolff et de Muller et qui porte le nom d'éperon périnéal. Cette lame qui descend verticalement est reliée aux parois latérales par deux replis partis de ces parois. Ces replis ne sont autre chose que les bords de la gouttière rectale qui s'incurvent en avant et en dedans, pour se joindre sur la ligne médiane et isoler ainsi complètement la voie génito-urinaire de la voie digestive.

Ce processus de séparation se complète pendant le troisième mois ; à ce moment, les deux cavités sont isolées l'une de l'autre par une cloison très mince qui ne s'épaissit que dans le cours du mois suivant, pour former le périnée définitif. La ligne de soudure des deux replis latéraux est représentée par ce que l'on désigne sous le nom de raphé périnéal.

Le sinus uro-génital présente la forme d'un conduit lobulé, obliquement dirigé en bas et en avant, à l'extrémité profonde duquel viennent déboucher le pédicule allantoïdien et un peu au-dessus de lui, mais en arrière, les canaux de Wolff et de Muller, tandis que l'extrémité inférieure s'ouvre au dehors par une fente antéro-postérieure. Il peut donc être subdivisé en son ensemble en deux régions secondaires : une région supérieure véritablement uro-génitale, l'autre inférieure ou vestibulaire.

Son accroissement, toute proportion gardée, est relativement moindre que celui des organes qui l'entourent. (Thèse d'Issaurat).

Nous empruntons à la thèse d'agrégation d'Imbert, les détails suivants. Quand, par suite du cloisonnement du cloaque, les canaux qui s'ouvraient d'abord sur la paroi postérieure de cette cavité, ont été portés en avant du rectum, en arrière de la vessie, dans le septum qui le sépare, il survient dans la constitution de ces canaux des modifications qui ont été bien mises en lumière par Thiersch.

Chez la femelle, il se forme, comme chez le mâle, un cordon génital, mais, à l'inverse de ce qui se passe chez celui-ci, ce sont les canaux de Muller qui vont se développer et ceux de Wolff qui vont s'atrophier.

Chez la femme, le cordon génital reste toujours unique et l'on verra, dans son épaisseur, non seulement les parois des canaux de Muller se juxtaposer, puis se souder intimement, mais encore la cloison qui en résulte se resserrer et disparaître complètement, et les deux canaux ne plus former, en définitive, qu'une cavité commune, aux dépens de laquelle se formeront l'utérus et le vagin.

Le point précis qui forme la limite de l'oviducte et de l'utérus est indiqué par l'insertion du ligament rond sur le canal de Muller.

L'extrémité inférieure des canaux de Muller, contenue dans l'épaisseur du cordon génital, et à partir de l'insertion du ligament rond, participe à la formation du conduit utéro-vaginal : tel est le seul point sur lequel tous les auteurs sont d'accord. Mais dès qu'il s'agit de spécifier si ce conduit dans sa totalité, ou une partie seulement, et alors quelle partie, provient de ces canaux, on trouve presque autant de théories que d'auteurs.

RATHKE admettait que la paroi postérieure du sinus urogénital s'accroît pour devenir un cul-de-sac à l'extrémité duquel s'abouchent les canaux de Wolff et de Muller.

Le développement varierait suivant la forme des divers utérus futurs. Quand l'utérus est simple ou bicorne, le cul-de-sac du sinus uro-génital devient le vagin et le corps de l'utérus. Le fond de cet organe et les cornes, si elles existent, naissent des extrémités des canaux de Muller qui s'élargissent et se fondent ensemble.

Si l'animal adulte présente un utérus double dans toutes ses parties, on voit naître l'organe en totalité des extrémités des canaux de Muller. Le cul-de-sac du sinus urogénital ne devient qu'un vagin dans ce cas.

LEUCKARD, au contraire, admet que les canaux de Muller se fusionnent sur la ligne médiane, en commençant par leurs points d'abouchement. Ils forment ainsi un organe

impair, nommé *canalis genitalis*, qui s'élargit peu à peu
et se divise finalement par une séparation transversale en
utérus et en vagin. Les différences que l'on observe dans
la forme des organes chez les mammifères femelles tien-
nent surtout à des différences dans l'étendue de la fusion
médiane. Chez l'homme et les autres espèces à un seul
utérus, la fusion s'étend en haut jusqu'au ligament de
Hunter.

Chez les animaux à utérus bicorne et double, la fusion
s'étend moins loin, et, chez ces derniers, le vagin est le produit de la fusion, tandis que les utérus ne sont que les canaux de Muller élargis. Il y a même des mammifères chez
lesquels on ne trouve ni canal génital impair, ni fusion
des canaux de Muller qui ne sont que dilatés à leur moitié
inférieure. On a alors la duplicité de l'utérus et du vagin.

Les travaux de Dohrn, de Thiersch, de Kolliker, de
Banks, de Langenbucher ont confirmé les données de Leuckart dans leurs points essentiels, c'est-à-dire la fusion
des canaux de Muller en une cavité unique formant l'u-
térus et le vagin. Les divergences d'opinion de ces auteurs
ne portent que sur des questions de détail.

La théorie de Rathke, plus ou moins modifiée, est encore admise par quelques auteurs.

Pour les uns, les extrémités adossées des canaux de Muller forment le col utérin. Le corps de l'utérus s'élève
bientôt au-dessus du col et dans l'intervalle que laissent
entre elles les deux cornes utérines par leur rapproche-
ment incomplet. Le vagin n'est pas une dépendance du
col, pas plus que ce dernier ne provient de la partie supérieure du vagin. Les deux organes ont un développement
réciproquement indépendant.

Pour d'autres, les canaux de Muller engendrent le corps de l'utérus. La production du col leur est retirée pour en doter le vagin. Le col utérin est une dépendance embryogénique du vagin supérieur. Quant au vagin, il se développerait par trois points séparés, destinés à se joindre plus tard.

La portion la plus élevée du vagin, la portion utérine, se formerait aux dépens de l'extrémité inférieure des conduits de Muller. Pour certains auteurs, Courty entre autres, cette extrémité serait indépendante des canaux de Muller, et se développerait dans le blastème interposé à la vessie et au rectum.

Quand la cloison qui sépare les deux canaux de Muller adossés s'est résorbée, il en résulte un conduit unique dont la partie inférieure forme la partie supérieure du vagin. Mais il est séparé de l'extérieur par une certaine quantité de tissu embryonnaire aux dépens duquel vont se constituer les autres parties du vagin. La partie inférieure, qui est une dépendance du cloaque, se forme par suite du processus qui amène l'apparition de ce cloaque, c'est-à-dire l'ouverture de l'intestin à l'extérieur.

La partie moyenne apparaîtrait dans le tissu embryonnaire qui sépare les deux autres parties; une nouvelle cavité prend naissance qui marchera par ses deux extrémités à la rencontre des cavités déjà formées ; ce travail s'effectue probablement en même temps sur deux points séparés, de chaque côté de la ligne médiane, faisant cloison verticale, car on a trouvé dans certains cas le vagin double sur toute l'étendue de son parcours. De ces trois portions du vagin, l'une ne présente que peu d'étendue, c'est l'inférieure qui serait limitée supérieurement par l'hymen.

Cette théorie semble complètement hypothétique. Elle est en effet contredite manifestement par les faits tératologiques et par les recherches de Thiersch, de Dohrn, de Banks, de Kolliker, de Langenbucher.

Thiersch admet que les canaux de Wolff et de Muller se soudent à leur extrémité inférieure pour former le cordon génital.

Les canaux de Muller se fondraient ensemble de bas en haut dans l'embryon femelle et formeraient un seul canal qui deviendra l'utérus et le vagin. Les cornes naissent des parties adjacentes qui ne sont pas contenues dans le cordon génital.

D'après Dohrn, la fusion des conduits de Muller commence entre le tiers moyen et le tiers inférieur du cordon génital. De là, elle s'étend en haut et en bas, mais envahit plus rapidement le segment inférieur que le supérieur.

La plus grande fréquence des fissures de l'utérus dans sa partie moyenne s'accorde avec cette donnée.

Le canal de Muller gauche est généralement plus antérieur que le droit et ils se fusionnent dans cette position oblique. Cette disposition est due à la pression qu'exerce la portion terminale de l'intestin, située à gauche.

La rotation habituelle de l'utérus sur son bord gauche et en avant tient à la disposition première de cet organe chez l'embryon.

Dans l'embryon humain, la fusion des canaux de Muller s'effectue relativement vite et de bonne heure. Chez un embryon de deux mois, on trouve la fusion complète dans toute l'étendue du cordon génital.

On ne peut encore dire si le point où commence la

fusion des conduits de Muller correspond à celui où, plus tard, se joignent l'utérus et le vagin. Dohrn croit cependant qu'il est probable que ces deux points se correspondent.

Pour Kolliker, les canaux de Muller, d'abord séparés, soudent en un seul canal, mais qui ne reste pas tel jusqu'au sinus uro-génital; il redevient double dans le tiers inférieur du cordon génital. Il en résulte que les canaux de Muller se soudent d'abord au milieu du cordon génital et restent assez longtemps doubles à ses deux extrémités. Il croit que la cloison des canaux tombe au deuxième mois et que l'utérus est mou, bicorne au troisième mois. Peu à peu les cornes se soudent et l'organe devient simple.

La théorie de Leuckart nous donne l'explication des anomalies des organes génitaux, constatées chez Mme X...

En effet, c'est à un arrêt de développement qu'il faut attribuer et la cloison vaginale et la bifidité utérine. La fusion des canaux de Muller commencée, comme tend à l'admettre Dohrn, au point où se réuniront plus tard l'utérus et le vagin, ou pour Kolliker au milieu du cordon génital, ne s'est pas propagée à la partie inférieure de ce cordon. A la partie supérieure, la fusion, bien que s'étant produite, n'a pas été complète, soit que la cloison séparant les deux conduits n'ait pas été résorbée, soit que, conformément aux idées de Thiersch, les cornes se soient développées aux dépens d'une portion des canaux de Muller non contenue dans le cordon génital, auquel cas la soudure des parois des deux conduits, précédant leur résorption, a pu manquer.

Nous avons vu que le canon gauche du vagin se trouvait sur un plan plus antérieur que le droit. Dohrn, dans ses conclusions, a signalé ce fait comme existant généralement et il l'attribue à la pression exercée par la portion terminale de l'intestin située à gauche.

La disposition de ce même vagin gauche à son extrémité vulvaire (vagin latéral borgne de Pozzi) est peut-être due à une imperforation de la moitié de la membrane hymen correspondante. Peut-être faudrait-il admettre une imperforation du canal de Muller gauche, si, comme le veut le professeur Budin, l'orifice hyménial n'est autre que l'orifice inférieur du vagin.

Pour quelques auteurs, cette disposition serait due au développement rudimentaire d'un des canaux de Muller, lequel a produit un demi-vagin, formé du côté de la vulve. (Thèse de Picot.)

CHAPITRE IV

Influence sur la Grossesse.

Les malformations utérines contrarient la grossesse de deux façons principales :

1° Elles favorisent les présentations vicieuses;

2° Elles prédisposent aux avortements et aux accouchements avant terme.

Les présentations vicieuses sont fréquentes chez les femmes atteintes d'anomalies utérines.

Sur 43 cas, analysés par GAUTRELET dans sa thèse, il existait 13 fois des présentations vicieuses.

C'est le plus habituellement dès le premier accouchement que se montrent ces présentations vicieuses. GAUTRELET cependant cite une femme atteinte de malformation utérine chez laquelle une présentation de l'épaule s'est montrée au dixième accouchement.

Il y avait eu présentation du sommet dans les neuf accouchements antérieurs.

Chez certaines femmes, comme celle dont nous avons relaté l'observation, on peut voir à chaque grossesse la présentation vicieuse se montrer de nouveau.

C'est qu'en effet le fœtus s'accommode à l'utérus.

Tantôt, comme lors de la première grossesse de Mme X..., il peut utiliser les deux cornes utérines, tantôt, comme cela s'est produit à la seconde grossesse, il n'a utilisé qu'une seule corne.

De là les différences d'orientation du grand axe du fœtus signalées dans l'observation, de là aussi la conformation différente de l'utérus dans les deux grossesses.

M. Guillemet a fait remarquer que l'utérus était serré sur le fœtus dans la première grossesse, à tel point qu'il ne put produire le ballottement céphalique; cette disposition était due à ce que le fœtus occupait les deux cornes utérines : le siège était dans la corne gauche restée inférieure et fixée dans la fosse iliaque du même côté, la tête dans la corne droite remontée sous les fausses côtes.

Dans la seconde grossesse, le sommet de l'utérus allait encore en s'effilant ; le fœtus en effet se présentait encore par le siège, mais dans ce cas, avec ce siège en sacro-iliaque gauche dans le segment inférieur, la tête occupait la corne du même côté.

Il n'y avait pour ainsi dire qu'un seul côté de l'utérus utilisé pour l'accommodation fœtale.

Nous avons dit que ces malformations utérines favorisaient les avortements et les accouchements prématurés.

Si, dans certains cas, la grossesse peut aller à terme, il n'en est pas toujours ainsi.

Le développement de la corne qui contient le produit de conception peut être suffisant pour permettre à la grossesse d'évoluer normalement, mais aussi parfois la corne utérine ne se laisse pas suffisamment distendre pour contenir un fœtus à terme et l'avortement ou l'accouchement prématuré se produit.

On a cité des femmes chez lesquelles les fœtus développés dans l'une des cornes utérines allaient à terme, tandis que ceux développés dans la seconde corne étaient expulsés prématurément.

GOUTERMANN a cité un cas plus singulier : une femme devenait enceinte, tantôt dans une corne, tantôt dans l'autre ; toutes les grossesses dans la corne droite, au nombre de 9, ont donné lieu à un avortement, sauf une où l'enfant naquit à 7 mois. Les 3 grossesses qui se sont produites dans la corne gauche ont toutes été à terme (1).

L'observation de Mme X... est assimilable à ces cas. A la première grossesse, le fœtus, qui occupait les deux cornes, avait pu aller presque jusqu'à terme (il était, il est vrai, très petit, il pesait à peine 2000 gr.).

Le second enfant fut expulsé au bout de 7 mois de grossesse ; il n'occupait qu'une seule corne.

BAYARD a publié l'observation d'une femme possédant un utérus bifide et qui, devenue 14 fois enceinte, n'a pu mener à terme une seule grossesse.

Enfin la corne utérine gravide peut se rompre. Cette terminaison se voit le plus fréquemment dans les cas où la grossesse a lieu dans une corne ne communiquant pas directement avec le vagin.

Même une corne peut se laisser distendre au point de permettre à une grossesse d'aller à terme et se rompre à une grossesse ultérieure.

Une jeune dame de 20 ans, femme de chambre de Mme la Dauphine, éprouve tous les symptômes d'une grossesse, excepté la suppression des règles, qui continuèrent pendant 5 mois ; le ventre paraissait un peu plus volumineux à gauche. Le 6e mois, elle fut prise de douleurs atroces

(1) In thèse de PICOT

TABLE DES MATIÈRES

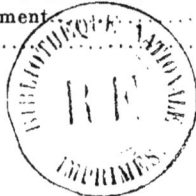

Poitiers. — Imp. BLAIS et ROY, 7, rue Victor-Hugo.

INDEX BIBLIOGRAPHIQUE

BERNARD. — Thèse de Paris, 1898.

BOURRUS. — Thèse de Bordeaux, 1891.

BUDIN. — Obstétrique et Gynécologie.

BULLETIN DE LA SOCIÉTÉ ANATOMIQUE, 23e année, p. 264.

CHARPENTIER. — Traité pratique des accouchements, tome II.

CHOTEAU. — Thèse de Lille, 1894.

DEBIERRE. — Traité de l'Anatomie de l'Homme.

GAUTRELET. — Thèse de Paris, 1895.

IMBERT. — Thèse d'agrégation. Paris, 1883.

ISSAURAT. — Thèse de Paris, 1888.

MEUNIER-QUEAUX. — Thèse de Paris, 1879.

PICOT. — Thèse de Paris, 1891.

PINARD. — Traité du Palper.

POZZI. — Traité de Gynécologie.

RIBEMONT-DESSAIGNES ET LEPAGE. — Précis d'Obstétrique.

TARNIER ET BUDIN. — Traité de l'art des accouchements.

TESTUT. — Traité d'Anatomie humaine.

WURTZ. — Thèse de Paris, 1877.

IX. — L'intervention de l'accoucheur dépend de chaque cas particulier ; elle ne peut donc être fixée d'avance.

CONCLUSIONS

I. — Les malformations des organes génitaux peuvent porter sur tout le système utéro-vaginal ou sur un seul de ces organes.

II. — Les malformations en apparence les plus défavorables ne sont cependant pas forcément un obstacle à la fécondation.

III. — La difficulté du diagnostic dépend surtout du moment auquel le médecin est appelé à examiner la femme ; la grossesse pouvant modifier les rapports des organes.

IV. — Les malformations utérines sont fréquemment cause d'avortements ou d'accouchements prématurés.

V. — Elles peuvent encore être cause de dystocie par présentations vicieuses.

VI. — Les malformations vaginales n'ont d'influence que sur l'accouchement.

VII. — La cause de ces anomalies est un arrêt de développement remontant aux premières semaines de la vie intra-utérine.

VIII. — Ces malformations sont indépendantes des viciations du squelette : d'où leur moindre gravité.

professeur GUILLEMET, nous semble la ligne de conduite la plus recommandable.

Quand le diagnostic de cloison vaginale a pu être porté quelque temps avant l'époque de l'accouchement, faut-il intervenir immédiatement ?

Nous croyons qu'il vaut mieux ne pas faire courir à la femme les risques d'un avortement provoqué par une intervention sur les organes génitaux.

La dystocie causée par cette anomalie n'offre pas de grandes difficultés à l'accoucheur.

vagin où s'ouvre le col doit s'ouvrir à la vulve. Mais parfois, et ce fait se produit lorsque le bord supérieur de la
cloison se trouve à quelque distance du col utérin, le pôle
fœtal engagé vient butter contre ce bord. On peut alors
quelquefois, en refoulant la cloison, permettre au fœtus
de descendre et à l'accouchement de se terminer normalement, mais parfois aussi la cloison trop tendue ne peut
être suffisamment déprimée et doit disparaître pour laisser
sortir le fœtus et ses annexes.

Enfin il est des cas où l'accouchement ne peut se
terminer que par la suppression de la cloison, soit par
incision, comme dans le cas de Mme X..., soit par rupture
spontanée. On ne saurait, dans ces cas, fixer de règles
précises. L'accoucheur devra souvent agir selon le cas
en présence duquel il se trouve.

Toutefois, nous croyons qu'au cas où la cloison ne peut
être suffisamment refoulée l'accoucheur doit toujours
intervenir.

La rupture de la cloison, l'influence des contractions
utérines pendant l'expulsion du fœtus n'est point exempte
de dangers. En effet, il y a presque toujours, dans ces cas,
déchirure des parois vaginales ou du périnée, et l'on a à
redouter des déchirures étendues aux viscères et aux vais-
seaux pelviens.

Lorsque le bord inférieur de la cloison sera libre, le
mieux sera de sectionner celle-ci entre deux pinces, ainsi
que l'a fait le docteur BAUDRON à la clinique Baudeloc-
que (thèse de BERNARD, 1898.)

Lorsque ce bord inférieur n'existe pas, lorsque l'on a
affaire à un vagin borgne, latéral, en un mot, l'incision
prudente sur la sonde cannelée, ainsi que l'a faite M. le

CHAPITRE V

Influence sur l'accouchement

Nous ne dirons qu'un mot de la dystocie qui peut être produite par la présence de la corne non gravide au niveau du détroit supérieur. Celle-ci s'est en effet hypertrophiée par influence et peut venir bloquer en partie l'aire du détroit supérieur.

Dans ce cas, la conduite à tenir variera suivant que la corne utérine formera une tumeur liquide, une tumeur solide mobilisable, une tumeur solide enclavée. Dans le premier cas, la ponction fera disparaître la tumeur. Dans le second cas, on tâchera de l'écarter et de la refouler dans l'abdomen. Enfin, si la tumeur reste immobile, il faudra recourir à la basiotripsie ou à l'opération césarienne.

Quant à la dystocie spécialement causée par l'existence de la cloison vaginale, deux cas sont à considérer :

1° La cloison se laisse refouler ;

2° La cloison doit être détruite pour permettre l'expulsion du fœtus.

Dans le premier cas, l'accouchement peut se faire normalement, la cloison étant assez souple pour se laisser refouler par le pôle fœtal s'engageant dans l'excavation. C'est ce qui avait dû se passer pour le 4ᵉ accouchement de la malade de Müller (observation IV). Dans ce cas, le dans le bas-ventre; depuis cette époque, elle ne sentit plus remuer son enfant.

Douze jours après, les mêmes douleurs violentes se renouvelèrent avec des vomissements et des convulsions terribles, et la malade mourut à 5 heures du matin avec le ventre excessivement distendu (1).

La reine et Mme la Dauphine demandèrent que Dionis fît l'examen anatomique du corps; Daquin et Fagon, premiers médecins de la cour, y assistèrent; il y fut constaté que la matrice au-dessus de son col formait deux corps séparés et que la conception s'était faite dans la matrice gauche; la pièce fut enlevée, et on constata que la cavité de l'abdomen était remplie de sang, le fœtus était couché sur les intestins; la matrice qui contenait l'enfant s'était ouverte spontanément par rupture ou crevasse de son fond : l'arrière-faix tenait encore à une des parois.

Une matrice surnuméraire existait au côté gauche du fond ordinaire de la matrice et en était distante de deux travers de doigt. Ces deux corps, continus au col de la matrice, étaient munis chacun d'un ovaire, d'une trompe et de ligaments larges. Dans le fond de la véritable matrice, qui ne s'éloignait ni de la direction, ni de la conformation naturelle de l'utérus humain, il y avait un faux germe de la grosseur d'un petit œuf. Il ne parut pas que le viscère surnuméraire eût une issue dans l'orifice interne ou dans le vagin.

Dance a également publié une observation analogue.

(1) Observation prise dans la thèse de Picot.